旧术犹新：

过去和未来的惊奇科技

李 婷 主编

旧时代的科技魔法
和技术预言

电子工业出版社·
Publishing House of Electronics Industry
北京 • BEIJING

图书在版编目（CIP）数据

旧术犹新：过去和未来的惊奇科技.旧时代的科技
魔法和技术预言 / 李婷主编.—— 北京：电子工业出版
社，2021.4
ISBN 978-7-121-40389-7

Ⅰ.①旧… Ⅱ.①李… Ⅲ.①科技发展 – 世界 – 普及
读物 Ⅳ.①N11-49

中国版本图书馆CIP数据核字（2021）第009599号

责任编辑：胡　南
印　　刷：河北迅捷佳彩印刷有限公司
装　　订：河北迅捷佳彩印刷有限公司
出版发行：电子工业出版社
　　　　　北京市海淀区万寿路173信箱　邮编 100036
开　　本：720×1000　1/32　印张：9.125　字数：170千字
版　　次：2021年4月第1版
印　　次：2021年4月第1次印刷
定　　价：98.00元（全四册）

凡所购买电子工业出版社图书有缺损问题，请向购买书店
调换。若书店售缺，请与本社发行部联系，联系及邮购电话：
（010）88254888，88258888。

质量投诉请发邮件至zlts@phei.com.cn，盗版侵权举报请发邮件至
dbqq@phei.com.cn。

本书咨询联系方式：（010）88254210，influence@phei.com.cn，
微信号：yingxianglibook。

旧时代的科技魔法和技术预言

技术革新总会带来潮流、惊奇和困扰。移动互联网时代，我们花大量时间来讨论、选购、把玩更智能的设备；运营商和制造商则拼命更新升级智能手机的交互硬件、联网速率；足不出户能完成的事情也越来越多。但与此同时，不停歇的推送提醒、个人信息的泄露和互联网欺诈等负面影响，也让我们坐立不安。

然而"旧术犹新"，由信息技术引发的这些影响并不由 21 世纪独占。在 19 世纪的维多利亚时期，那个初生的技术"看上去都与魔法无异"的时代，新的技术出现，也让当时的人们既欣喜若狂又心神不定。

这次，我们将把时间机器回调到两个世纪前，带领你一睹电子计算机、互联网和虚拟现实技术出现前人们对"新技术"的反应和想象。

《维多利亚时代技术手册》整理了一个世纪前电报、电话、留声机、摄影和电影引发的社会讨论，除了和现今惊人类似的观点外，相信里边会有你熟悉的人名和事件。在电报盛行的时代，人们利用这项技术做了很多让人意想不到的尝试，很多互联网服务能够在其中找到对应的模型，读完《莫尔斯的社交网络：电报线上的社群、爱情与欺诈》一文，你能够看到生活在莫尔斯时代人们鲜活和富有想象力的一面。

《人脑扩展》和《增强现实：终极显示》两篇写于20世纪中期的文章，则预言了大量我们如今习以为常的信息交互技术和设备，时下热门的人机交互、协同办公、虚拟现实，关于它们的设想原来早已出现。最后一篇文章来自凯文·凯利，关于《一种消亡的媒介》。

维多利亚时代技术手册

整理 | 鲍夏挺

　　欢迎来到维多利亚时代。这个时期大致以英国维多利亚女王在位时期（1837年—1901年）为限，连接了两次工业革命，一系列通讯传播技术在这里发生。这些新技术对我们而言是一连串的惊喜，它们提供给我们畅想未来人们生活场景的机会。这份手册收录了其中影响最显著的五项技术的基本资料，以及各界人士对新技术的评价与反思。我们相信即使身在不同的时代，你也能从手册里感受到熟悉的情绪，并且获得一些共鸣。

电报 /TELEGRAPH

　　诞生时间：1843年3月

1086

● 在此之前从未有人相信人类能靠电磁来传播讯息

主要贡献者：塞缪尔·莫尔斯（Samuel Morse）

故事：托马斯·爱迪生凭借他技艺精湛的电报技术在波士顿立足，并结识了其投资人。依靠电报和外界通信的泰坦尼克号，由于乘客发出的电报数量过多、报务员操作不当，错失了安然返航的机会。

声音：电报线路正在全球各地扩张。四年前，美国的电报线总长度约为 2000 英里[①]，两年前这个数字变成了1.2 万英里，目前使用中的电报线长度达到了 2.3 万英里。对于电报线路猛增、电报迅速普及这件事，我们熟知的《科学美国人》杂志[②]是这样评价的：

---

① 1 英里约为 1.6 千米。

② *Scientific American*, 1852.9.18, Vol. 8

> 没有哪项现代发明能够像电报一样如此迅速地扩展影响力……这颗星球上的每个角落都将被吸引到电报线路上来。

正如你所见到的，无线电报这项神奇的技术打开了通往新世界的大门，它在电报从业者以外的群体里也备受追捧，一位名为雨果·根斯巴克[1]的业余无线电爱好者希望我们把他的观点传达给各位：

> 电力和无线电报是过去做梦也没有想到、将来要改变世界的力量。不要扼杀你们孩子心中电的火花，维持这个火花所费不多，今后有一天，它会给你和你们的孩子带来丰厚的红利。

在我们头顶穿行的无线电报信号里都藏着些什么信息？和无线电报伴生的密码学（cryptography）正在引领

---

[1] 雨果·根斯巴克（Hugo Gernsback，1884 年 8 月 16 日—1967 年 8 月 19 日）业余无线电先驱，美国科幻文学之父，电气进口公司 Telimco Wireless 创始人。

绅士们的新风尚，来自剑桥大学的查尔斯·巴贝奇教授[①]毫不避讳地表达了他对这项事业的热爱：

> 破译电码是最迷人的艺术形式之一，恐怕
> 我花在这件事上的时间已经太多了。

居住在加勒比海沿岸的费尔明娜·达萨小姐[②]托友人发表了她对于电报的看法，目前她正与当地一位年轻的电报员处在甜蜜的初恋中：

> 电报的发明与魔法有着某种关联。

电话 /TELEPHONE

诞生时间： 1876 年 3 月 10 日

---

① 查尔斯·巴贝奇（Charles Babbage，1791 年 12 月 26 日—1871 年 10 月 18 日），数学家，计算机先驱，可编程计算机的发明者。

② 加西亚·马尔克斯的小说《霍乱时期的爱情》中的女性角色之一，年轻的电报员即男主人公弗洛伦蒂诺·阿里萨。这本小说出版于 1985 年，想必你已发觉，此手册里包含的人事物并未受到时空限制。

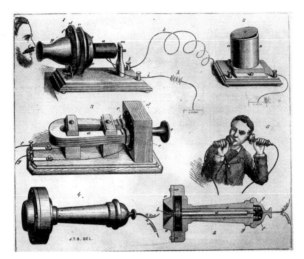

- 令不少家庭不得安宁的一项电子传播设备

主要贡献者：亚历山大·格拉汉姆·贝尔（Alexander Graham Bell）

故事：这件设备的缔造者贝尔认为它对科研工作是一项打扰，贝尔并未在自己的工作室安装电话。

声音：电话这项技术已经在社交和商业领域得到了一些应用，出版不久的《电报杂志》给出了技术乐观者们的一个预测——电话将很快带来"世界和平"[1]：

---

① *The Journal of Telegraph,* May 1880.

一个新的社会组织结构将会产生，其中任何一个成员——无论他处在多闭塞的地区——都能随时和这个社区里的随便另一个成员联系上。在这种组织状态下，社交和商业领域内无休止的复杂烦琐不复存在，人们可以告别不必要的来回跑腿、失落和延误，告别大大小小、难计其数的曾让人感到生活劳累又烦闷的事情。

即时电话沟通给我们勾画了一个近在眼前的景象，四散在这个更高阶（civilized）社区里的成员们彼此紧密地联结在一起，只要他们处在这个紧张运作的系统（电话线路）边上。

《电话》杂志[①]则注意到，这个新设备让跨越阶层甚至种族的爱情获得了前所未有的便利环境：

新机械、设备和工艺的发明持续不断地带来新的法律问题，困扰着法官、律师和普通人……我们可以紧闭大门，阻挡那些被拒绝的追求者。但电话呢？谁能够保卫它不被骚扰者拨叫？

---

① *Telephony*, 1905

很快我们将变成一堆透明的果冻人①。

电话诞生 21 年后，一位记者在伦敦的一份报纸上如此预言。电话普及带来了家丑外扬，还未得到有效遏制的搭线窃听则让人们深感不安②。

留声机 /PHONOGRAPH

• 无数音乐爱好者为之癫狂的一次声音革命

---

① "果冻"在此意指人们无法再保有个人隐私的状态，每个人都会被他人轻易看穿。

② Carolyn Marvin, *When Old Technologies Were New*, 1990.

诞生时间：1877 年 12 月 6 日

主要贡献者：托马斯·爱迪生（Thomas Edison）

故事：在稍后到来的"一战"期间，爱迪生公司会为美军制造一款售价为 60 美元的特制留声机。许多部队将会购买该款留声机，因为对士兵来说，通过音乐来振奋精神、思念家人是任何事都无法比拟的。

声音：几年前，留声机还停留在实验阶段时就引起了关注者的无限遐想，建筑师菲利普[1]，一位热忱的技术观察者曾撰文：

> 改良版的留声机最终将可以取代文字，将声音记录流传下来，成为一个终生受用而寓教于乐的有力工具，使用户几乎不需要花费什么成本就能欣赏到有声读物、歌曲、戏剧、演讲。如果有人觉得这是一件匪夷所思的事情，他们一定忘了，当年美国发明家提出异地通话的设想时，也曾有不少人感到不可思议。留声机就算再不济，也会取得稍逊于电话的成就。

---

[1] 菲利普·G·休伯特（Philip G. Hubert，1830 年 8 月 20 日—1911 年 11 月 15 日），美国建筑师，成立的建筑公司 Hubert&Pirsson 建造了纽约"镀金时代"最优秀的建筑。

哲学家本雅明[①]虽然认为这项发明无法复制音乐艺术本身带有的语境，却也承认其有诸多便利之处：

> 技术复制能把原作的摹本带到原作本身无法达到的境界。首先，不管它是以照片的形式出现，还是以留声机唱片的形式出现，它都使原作能随时为人所欣赏。大教堂挪了位置是为了在艺术爱好者的工作间里能被人观赏；在音乐厅或露天场合里演奏的合唱作品，在卧室里也能听见[②]。

圆筒留声机及其在未来将演化出的新型留声设备让很多人为之着迷，即使是在一个世纪以后。

> 螺旋录音设备让原本舒展而不可逆转的、无穷无尽的自然声线围绕一个单一的点悬浮、缠绕（把自然乐声留在腊制滚筒等旋转的录音材料上），同时它还具备让乐声倒退的魔

---

① 瓦尔特·本雅明（Walter Benjamin，1892 年 7 月 15 日—1940 年 9 月 27 日），德国哲学家。

② 瓦尔特·本雅明，《机械复制时代的艺术作品》。

力。例如倒着唱弥撒，或在吸气而非呼气时唱弥撒——长期以来这种发声方式被许多人认作是一种腹语技能——这种反转的发声方式是极其不自然的[1]。

摄影 /PHOTOGRAPHY

诞生时间：1839 年 1 月 9 日（银版摄影）

主要贡献者：路易·达盖尔（Louis-Jacques-Mandé Daguerre）

故事：法国政府向达盖尔征购了这项专利，在 1839 年 8 月 19 日这天将专利作为"免费送给世界"的礼物慷慨赠予全世界的人民。

声音：摄影的受欢迎程度，可以从霍姆斯医生的一段评论[2]中看到：

达盖尔式银版照相法的问世，是人类创造力的伟大胜利，在从古至今的所有发明中，它

---

[1] Veit Erlman, *Hearing Cultures: Essays on Sound, Listening and Modernity*, 2004, Palgrave Macmillan.

[2] 奥利弗·温德尔·霍姆斯（Oliver Wendell Holmes，1809 年 8 月 29 日—1894 年 10 月 7 日），美国医生、诗人和幽默作家。

Fig. 327.

● 让绘画艺术家和哲学家都感到忧虑心慌的一项技术

的开创性最大，难度最大，堪称空前绝后的奇迹。如果这项技术失传，那么找回它的可能性几近于零。如今，照片已成为日常生活中随处可见的事物，以至于这项发明的传奇色彩已被人淡忘。这就好比恩泽万物的阳光虽然弥足珍贵，但却被人视作稀松平常的事物一样，而照相法的发明也离不开它①。

_____

① 奥利弗·温德尔·霍姆斯，《立体镜和立体照片》。

摄影这项爱好生来带着上层的优越感，但很快它将带人们翻越阶级的偏见，一位生活在 20 世纪的作家 [1] 会给出她的观点：

> 无所不在的摄影师带着好奇、超脱、专业主义来观看他人的现实，操作起来就如同这种活动超越阶级利益似的，如同该活动的视角是放诸四海而皆准似的 [2]。

诗人波德莱尔 [3] 忧心忡忡，他判断摄影这项现代科技的产物，会把传统艺术逼向绝境：

> 毫无疑问，这门工业，通过入侵艺术的领土，已经成为艺术的最不共戴天的敌人，它们一些功能的混合使各自的功能都得不到良好的实现。诗意和进步像两个彼此深恶痛绝的野心

---

[1] 苏珊·桑塔格（Susan Sontag，1933 年 1 月 16 日—2004 年 12 月 28 日），美国作家、评论家。

[2] 苏珊·桑塔格，《论摄影》。

[3] 皮埃尔·波德莱尔（Charles Pierre Baudelaire，1821 年 4 月 9 日—1867 年 8 月 31 日），法国诗人，象征派诗歌先驱。

家，当他们在同一条路上相遇时，其中的一个必须让路。如果允许摄影在某些功能上补充艺术，在作为它自然盟友的大众的愚蠢帮助下，摄影很快就会取代艺术，或索性毁掉艺术[1]。

在照相摄影中，技术复制可以突出那些由肉眼不能看见但镜头可以捕捉的部分，而且镜头可以挑选其拍摄角度；此外，照相摄影还可以通过放大或慢摄等方法拍下那些肉眼未能看见的形象[2]。

本雅明看到了摄影的独特魅力，但他仍然担心摄影让艺术品脱离了原有的观看语境之后，对艺术品自身是一种伤害。

电影 /MOVIE

诞生时间：1895 年 12 月 28 日

主要贡献者：奥古斯特·卢米埃尔（Auguste Lumière）& 路易·卢米埃尔（Louis Lumière）

故事：伟大的发明家爱迪生在获得发明电影放映机

① 波德莱尔，《现代公众与摄影术》。
② 瓦尔特·本雅明，《机械复制时代的艺术作品》。

● **人类获得了一次感知世界的全新方式**

的专利权后，垄断了电影制作、发行和放映的各个方面，我们经常可以听到美国东海岸哪家独立电影公司又被爱迪生和他的代理人起诉了。因为其出了名地难以搞定，电影这一新兴行业的探险者们索性选择奔赴西海岸洛杉矶以东11公里处的一个镇子，好躲开爱迪生及其手下员工的起诉。在那里，一个名为好莱坞的电影工业基地即将崛起。

　　声音：中国上海，一位中国人在观看了他生平的第一部电影后赞叹道：

　　　　天地之间，千变万化，如海市蜃楼，与过影何以异？自电法既创，开古今未有之奇，泄造物

无穷之秘。如影戏者，数万里在咫尺，不必求缩

地之方，千百状而纷呈，何殊乎铸鼎之像，乍隐

乍现，人生真梦幻泡影耳，皆可作如是观[①]。

在法国，电影这个新兴行业的先驱查尔·百代[②]正在

打造属于他的"百代时期"（1903—1909），他对电影

业和电影是这样看的：

　　除了军火工业以外，我认为法国没有任何

一种工业能像我们的工业发展得这样快，能给

予股东以这样大的利润。

　　电影是明天的报纸、学校和戏剧[③]。

而在意大利，电影已经被认为是一项全新的艺术形式，

该国诗人乔托·卡努杜[④]评论道：

---

① 《观美国影戏记》，作者不详，1897年9月5日，载于
　　上海《游戏报》。

② 查尔·百代（Charles Pathé，1863年12月26日—1957年
　　12月25日），法国电影业和唱片业先驱，百代电影公司
　　创始人。

③ 乔治·萨杜尔，《世界电影史》，中国电影出版社，1982年。

④ 乔托·卡努杜（Ricciotto Canudo，1877年1月2日—1923
　　年），意大利诗人和电影先驱者。

电影通过影像增大了表现的可能性，同时也规定了普遍通用的语言。因此，新的表现方法要通过生命本身的活动求得，同时还必须把生命的所有形态导向一切感情的根源。

电影也和所有的艺术一样，必要的首先不是定义，而是暗示[①]。

---

① 乔托·卡努杜，《第七艺术宣言》，1911 年。

莫尔斯的社交网络：从电报爱情到沉没的泰坦尼克

作者 | 汤姆·斯丹迪奇　　　　**译者** | 林华

在互联网出现一个世纪以前，"网络"（network）一词已被用来描述数量巨大的电报线路交织而成的通信系统。如今我们使用互联网访问朋友在社交网站上留下的信息，通过即时通信应用和不同的人聊天。与之类似，100多年前人们也在利用时兴的电报技术和莫尔斯代码进行社交活动——尽管无论是规模还是人群都要有限得多。通过电报网络认识的恋人们最后步入婚姻，电报网络被用作诈骗的工具，乃至更加便捷的信息获取带来的生活节奏加快等等看起来只属于互联网时代的现象，也在那时有各自的翻版。这是属于莫尔斯时代的社交网络，它比很多人想象中的要更加奇诡丰富。

"社交网络"成型

1843 年 3 月，一位名叫塞缪尔·莫尔斯（Samuel Morse）的画家兼发明家获得了美国政府 3 万美元的拨款，用来显示他的新发明——电报——的可行性。莫尔斯绝非制造电报机的第一人，电报的基本原理几十年前科学家们就已发现。但今天，我们之所以纪念莫尔斯为电报的发明者是因为他有两个关键的优势：第一个是他自 1832 年目击了一次关于电磁的示范后，从未放弃过建造一个远距离发送信息的系统的梦想；第二个是他的电报机的设计相对比较简单。和他竞争的有两个英国人，威廉·库克（William Cooke）和查尔斯·惠特斯通（Charles Wheatstone），他们设计的电报机需要在两个电报站之间铺设五到六条电线，造价太高了。莫尔斯和助手阿尔弗雷德·韦尔（Alfred Vail）一起，发明了一套简单得多的系统，最终只需一条电线即可。

莫尔斯电报系统的复杂之处不在硬件，而在软件——使用点和画的顺序系列把字母编成电码，现称"莫尔斯电码"，虽然它基本上是由韦尔发明的。（韦尔想到了去印刷厂点数字模的数量来了解它们使用的次数，好在确定给每个字母编码的点和画时尽量省时省事。英文最常用的字母 E 在莫尔斯电码中只是一个点。）这套电码

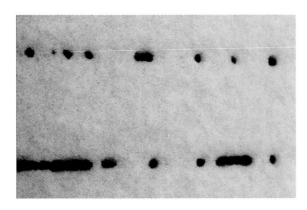

• 图：Alan Levine

使莫尔斯的电报机操作难度较大，但建造电报系统便宜
得多。有人认定莫尔斯搞的是个骗局，在他们的一片怀
疑声中，莫尔斯用政府的拨款在华盛顿和巴尔的摩之间
建造了一条试验性的电报线。1844 年 5 月 1 日，他把
在巴尔的摩举行的辉格党全国大会的结果用电报发到华
盛顿，显示了他这一发明的威力。64 分钟后，由蒸汽火
车从巴尔的摩带来的书面报告证实了莫尔斯发来的消息。
莫尔斯表明，用电传送信息比用马、船或火车都快得多。

在投资者的支持下，莫尔斯成立了一个公司，在纽约、
费城和波士顿之间建立电报联系，第一部分（纽约和费
城之间）于 1846 年 1 月启用。商界马上认识到这一技术

的价值，其他公司也纷纷开始铺设电报线。后来的几年内，美国的电报网急速扩张，几乎来不及确知它的规模。"电报线的铺设到第二个月就已过时，"一位作者在 1848 年抱怨说，"因为一个月内可能就铺设了几百英里。预计两三年内，美国有人居住的地区都将被覆盖在蛛网似的电报网之下。"1848 年，全美的电报线大约有 2000 英里长，到 1850 年，电报线达到了 1.2 万英里，由 20 个不同的电报公司经营。"（美国的）电报系统比世界上任何其他地区都更发达，"人口普查局局长在 1852 年这样写道，"现在众多电报线都在运作，网络遍及全国各地。"当时，已经有 2.3 万英里的电报线投入使用，还有 1 万英里的电报线在建设中。《科学美国人》（*Scientific American*）杂志在 1852 年宣称："现代的任何发明都没有像电报那样推广得如此迅速。电报的推广和这一宝贵的发明本身一样令人惊叹。"

报务员们的聊天室

事实很快表明，莫尔斯的机器还可以进一步简化。按照起初的设计，敲击电报机的键，发出长短不一的电流，它们会在电报线另一头的纸上画出点和画，然后再将这些点和画翻译成电文。但熟练的报务员很快就学会了只靠电报机发出的有节奏的响声就能够听懂电文。于是电报声码器取代了纸带，它能随电流的断续发出不同的嗒嗒声。机键和声码器使得通过电报线进行人对人的实时对话成为可能。报务员只需敲击键盘，然后注意听回应的嗒嗒声就能和对方聊天。当只有一条线连接好几个电报局的时候，沿线所有的报务员都能听到线上传输的信息，并加入他们之间这种私下的谈笑，等于是大家共用一个聊天室。有人甚至只从发送莫尔斯电码的手法中就能认出自己的朋友——敲击键盘的手法对一个技术高超的报务员来说就像真人的声音一样容易辨认。

然而，并非所有报务员都如此高明，所以一条电报线上的报务员每人会选择一个由两个字母组成的签名作为自己的身份。发送电文时不再费力气把每个字母都拼出来（"费城呼叫纽约"），出现了用缩写的办法。没有统一的标准，不同的电报线有各自的习惯用法。不过，1859 年汇编的一份常用缩写表包括如下缩写："II"（点、点，点、点）代表"我准备好了"（I am ready），"GA"（画、画、点，点、画）代表"请讲"（go ahead），"SFD"代表"去吃晚饭了"（stop for dinner），"GM"代表"早上好"（good morning），等等。数字也用来代表缩写，比如："1"的意思是"稍

等"，"2"的意思是"立刻回复"，"33"的意思是
"回电费已在此支付"。

• 图：Don O'Brien

　　没有电文传送、闲着无事的时候，报务员除了聊天、
交流传言和开玩笑之外，还在线上下象棋，玩跳棋。他
们经常通过线上的交流成为朋友；报务员在线上认识，后
来发展为情侣的事也时有发生。线上的这种亲密情谊甚
至使得一些遥远地方的报务员更喜欢和线上的朋友联系，
而不愿意和当地人交往。派驻波斯的英国报务员托马
斯·斯蒂文斯（Thomas Stevens）和当地人没有来往，宁

愿在电报线上与其他英国人交谈。他在写给一个报务员朋友的信中说："在一个野蛮的国度中，这一点点文明是多么令人愉快啊。"但他的多数报务员朋友和他素未谋面，而且远隔万里。

19世纪50年代，美国电报公司在波士顿和缅因州的卡莱之间的电报线沿线的报务员下班后举行了一次电报会议，讨论他们的总监辞职的事情。这条700英里的电报线沿线的33个电报局有几百个报务员参加了会议。据当时的一个人回忆："发言人用键盘写出要说的话，沿线的所有电报局立即同时收到了他的话，空间和时间消失了，与会者虽然相隔几百英里，但如同共处一个房间那样聚集在一起。"会议的讨论进行了大约一个小时，通过了几项决议后，"在和谐友善的气氛中"散会。报务员是世界上第一个线上社区的成员，与远方的同事保持着即刻间的联系。然而，对于必须按字付费发电报的普通人来说，通过电报来聊天谈笑费用太高，不切实际。事实上，对整个社会来说，电报并不是借以和其他人直接互动的媒介，正好相反，它把信息并非人对人的流动进一步集中化了。

理论上，电报可以克服地理的限制，增加不同地区人们之间的信息流通。但实际上，它大大集中并同化了信息的流动，这至少使一些人茫然不知所措。使用通信技术创造一个共同的社交空间，这个可能性只在线上工作的报务员这个小群体存在。一个报务员在 1902 年回顾他的职业生涯时，谈到了这种亲密无间的情谊：

> 分散在不同城市的人每天由一根他们共同使用的电线连在一起。空闲无事的时候，比如在美联社的线上，人们忘记了途经十几个城市的电线，完全像是在面对面地谈话。他们讲故事、交流意见、开心地大笑，如同一群人坐在俱乐部里。他们逐渐了解了彼此的习惯、情绪、怪癖、好恶；当因为一个人去世、圈子里少了一员的时候，他们感觉失去了一位好友。

电报线上的爱情

电报开放给公众后，其倡导者们始料未及的用途被人们发掘出来：利用电报举行一场在线婚礼。

没人记得那场婚礼的具体日期，但 1848 年出版的《电报逸闻》让这对夫妻的故事广为流传。身在波士顿的新娘是当地一个富商的女儿，她心爱的 B 先生在其父亲手下做记账员。女儿违背父亲的意愿准备和 B 先生成婚，后者很快被富商派往英格兰出差。按照两人的私下约定，B 先生中途在纽约停留时邀请了当地法官到一家电报局，这对夫妻利用莫尔斯电码交换双方的誓词，并在法官的见证下正式结婚。父亲坚持要将女儿嫁给他所选择的人，女儿则称自己已同 B 先生完婚，父亲的抗议没有成功，因为这场婚姻确实具有法律效力。

另一方面，电报也不幸成为长辈阻碍恋人们私奔的利器。苏格兰南部紧邻英格兰的疆界线上有一个名为格雷特纳格林（Gretna Green）的村庄，它是许多私奔恋人们的目的地。1753 年颁布的《哈德威克勋爵婚姻法》（*Lord Hardwicke's Marriage Act*）只在英格兰和威尔士有效，在格雷特纳格林，年轻人无须法官或神职人员证婚即能自愿完成具有法律效力的婚姻。当电报网沿着英格兰的铁路线延伸到这个村庄，从英格兰出发乘坐火车奔逃的恋人们还没来得及到达格雷特纳格林，愤怒的监护人就已通过电报要求当局拦下这些年轻人。

光速诈骗者

以光速传播的电报让物理距离在信息面前失去了意义，由此导致的信息不平等制造了一系列牟利机会。当你（通过电报）垄断了一个地方某些信息的优先获悉权，即使这些信息在别的地方已经广为人知，你照样能从信息不平等中获益。一个典型的例子发生在赛马赌博中。赛马场上的观众可以即刻获知赛事结果，而在赛场外，电报出现以前，消息达到全国各地赌马人那里，所需的时间是数小时乃至数天。任何能在消息抵达前获知赛马结果的人可以稳赚别人的赌注。因此几乎是电报技术出现的同时，禁止类似赛马结果这样的资讯通过电报传播的规定就被引入了；可就像在技术规范历史里经常出现的那样，犯罪者们总是要比规则制定者们领先一步。

19 世纪 40 年代流行着这样一个故事：德比日（英国每年举行的赛马大赛）那天，一个男人踏进伦敦肖迪奇区的电报局并告诉电报员，他有一只行李箱和一条披肩落在另一个火车站——恰好是离德比日赛马场最近的火车站——正由他的朋友照看着。男人让电报员发了一条措辞完全无害的电报给他朋友，请朋友帮忙把行李箱和披肩送上下一趟开向伦敦的火车。朋友那边发回的消息是："你的行李箱和格子呢（tartan）会随下一趟火车安全抵达。"那个乍看来完全无害的指称"格子呢"透露了赛马大赛上获胜马匹的颜色，男人押注赛马结果后大赚了一笔。

另一个不那么成功的诡计也发生在肖迪奇电报局，

• 图：Gitta Zahn

那天是伦敦唐科斯特（Doncaster）一场重大赛马大赛举行的日子。在比赛差不多结束时一个男人向电报操作员解释称，他正在等一只朋友从唐科斯特寄出的重要包裹，包裹寄放在唐科斯特开来的一趟列车头等车厢里，他希望能够发一份电报给朋友询问车厢的具体编号。电报局的工作人员看穿了他的骗局，因为那趟列车的车厢不像当天比赛中的赛马那样拥有数字编号。

根据《电报轶闻》里的一段记录，当请求被质问时那个诈骗者"露出了可怕又苍白的笑容"，仓皇逃走。

两场骗局中诈骗者实际上都使用了代码（code），但是他们明智地伪装了起来，因为在电报发展的早期，电报中禁止使用代码，除非使用者是政府或电报公司官方。

电报 = 精神紧张?

电报加快了新闻传播的速度，了解外国新闻因此而更加容易。速度就是一切；报纸把时间看得比什么都重要，因此而牺牲了报道的深度。有些人担心，这种对速度的痴迷不仅不可取，而且是危险的。1881 年，纽约的一位医生乔治·比尔德（George Beard）出版了一本书《美国式紧张》（*American Nervousness*），指责电报和印刷机助长了由于商业和社交生活的加速而造成的"紧张"病。他宣称："电报是紧张的成因之一，而对于紧张这种病的严重性我们尚一无所知。"

1891 年，记者兼批评家 W. J. 斯蒂尔曼（W. J. Stillman）在《大西洋月刊》（*Atlantic Monthly*）上发表文章，痛斥电报给传播和消费新闻的方式带来的改变。他悲叹道："新闻业原来的作用是定期表达流行的思想，适时记录现时生活中的问题和答案，但美国把新闻业变成了收集、压缩和吸收人生中鸡毛蒜皮的小事的工具。"他担忧这一切会改变人的大脑工作的方式。"结果是灾难性的，影响到我们所有的脑力活动。我们把匆忙无暇确立为审慎的制度，把仅知皮毛看作科学，把追求新鲜刺激变为生活的常态……我们对什么都是急急忙忙地囫囵吞枣，再加上记者争先恐后，不肯落后竞争者半步，这使我们的思考和判断失去了稳健，无法充分消化信息。我们对任何问题都无暇深究，一般来说也没有深究的意愿。"

和泰坦尼克号一起沉没

新技术也吸引了业余爱好者的兴趣，特别是在美国，因为没有对使用无线电设备的限制，所以人们都想自己动手试试看。20世纪刚开始时，拥有一台无线电相当于打开了通向一个崭新世界的窗户。业余爱好者可以听到政府发送的消息，彼此也可以发信息。有的业余爱好者的设备比海军的还要先进。安装发报机和收报机非常复杂，怕麻烦的人是做不成的，想用无线电报机进行通讯还得会莫尔斯电码。即使如此，无线电还是成了男孩子的普遍爱好，这方面根斯巴克和其他鼓动者功不可没。1908年10月，《电气工程师和机械师》（*Electrician and Mechanic*）杂志报道说，巴尔的摩的年轻人当中爆发了"无线电报热"。"这些业余人员的年龄差别很大，最小的还不到15岁……至少有30个无线电爱好者拥有非常先进的收报机和发报机。"

其他城市也出现了相同的情形。纽约的一个年轻无线电爱好者在 1909 年 4 月告诉《现代电气》（*Modern Electrics*）杂志："我接收到的信号来自各种各样的地方。纽约肯定有好几百台业余无线电报机，整夜都有信息在空中传送。我的机器接收半径是 75 英里。"1910 年，《电气世界》（*Electrical World*）估计"芝加哥的业余无线电报台不少于 800 台"。芝加哥的无线电爱好者团体十分活跃，其中心是芝加哥无线电俱乐部，它每晚 8 点发出测试电报，供爱好者调试机器之用。《电气世界》报道说，俱乐部的有些成员用风筝拉高天线，以此扩大信号传送的量程。根斯巴克开办了两本杂志为无线电爱好者服务，一本是《现代电气》，另一本是《电气实验者》（*Electrical Experimenter*）。1909 年，他还创建了业余无线电爱好者的全国协会，名字叫"美国无线电协会"，很快就有几千人加入。1912 年，根斯巴克估计美国的"业余无线电爱好者和实验者"人数高达 40 万。当时的大多数无线电台都既能发又能收，虽然发送的距离远不及接收的距离。那是一场借无线电波进行的大范围交谈，谁想加入都可以。

　　这一切固然使参与者兴奋激动，但几千台无线电报机一拥而上，完全放任自流的坏处也随即显现出来。早期的无线电台在好几个频道上同时广播，所有在接听范围内的电台都能听到。尽管马可尼和其他人努力钻研，但总是解决不了调频的问题，无法把具体电台的操作限制于某个无线电频道，消除其他电台的干扰。1906年，《电气世界》指出："情况发展到非常复杂的地步，除非很快采取措施，否则就会变为类似电话中转站的情形，所有人都在同一条线上同时说话……现在对无线电报要么是进行管理，要么是任其陷入混乱，两者中当然是前者为好。"后来，业余电台开始干扰商业和海军的无线电收发机，在有的情况中是出于无心，但也有故意的时候，这使得这方面的担忧更为加重。1907年，《电气世界》报道了一个案子，里面涉及住在华盛顿特区海军基地附近的一个业余无线电爱好者："住在附近的一个年轻人，父亲是警察。他自己建起了无线电台，以拦截官方通讯为乐，有时自称是远方的海军基地，有时说自己是配备了无线电台在海上航行的军舰。此事报告了当地警方，但警方说他们无权干涉那个年轻人的实验。"

到1908年，关于无线电干扰以及业余爱好者与商业和海军电台之间冲突的争议从专题刊物扩展到了主流报刊。1908年3月，《旧金山呼声报》（*San Francisco Call*）上一篇文章的标题赫然是："国会喝令美国男孩：小子，住手！"文章把这种情况描绘为西奥多·罗斯福总统和勇气十足的年轻人的斗争，那些年轻人的"坚忍、精力、好奇心、求知欲、行动能力和热爱实验代表的正是我们国家最可贵的精神"。报道提到，在旧金山、华盛顿特区及其他城市中，对电台干扰抱怨的声浪越来越大，致使有人呼吁进行管制。但它又说，旧金山市内和周边的大部分年轻人都是守规矩的。

从日落到午夜，太空中满是穿梭往来的无线电波……傍晚时分，一般从 8 点到 10 点，是湾区的孩子用无线电台和朋友交谈最忙的时间。这也是人们抱怨的"干扰"通常发生的时间。为了孩子们的名誉和信用，我必须说我本人没听说过一例他们公布了偶然收到的信息的事情，尽管他们中有些人是操作无线电台的高手。他们大多强力谴责在政府或商业电台正忙的时候"闯入"的行为，在这种时候，他们都不会发送电波。一个孩子对我说："有些人把我们所有人的名声都败坏了，但多数人是通情达理的，在湾区的船只和电台工作的时候不会前来打扰。"

但是，对业余爱好者还有更加严重的指控，说他们阻碍海上救援行动或广播虚假的紧急呼救信号。1909 年1 月，业余无线电台严重妨碍了对一艘出了故障的轮船的救援，它们播出了几组错误的坐标，使救援者怎么也找不到出事的轮船。领导救援工作的 K. W. 佩里（K. W. Perry）船长对《基督教科学箴言报》（*Christian Science Monitor*）说，到了进行管制的时候了。"我们一直感到，对使用无线电台进行一定管制有其必要性，但过去几天的经验表明了需要进行管制的迫切性。"后来又发生了几起类似的事件。当 1912 年，对"特里号"鱼雷驱逐舰的救援受到业余电台的阻碍的时候，政府感到了必须采取行动的压力。正如一位海军军官对《电气工程师和机械师》杂志所说：

> "特里号"事件给颁布联邦许可证法提供了充足的理由……有一个多小时的时间，业余电台一直在干扰求救信号的接听。多次要求他们停止彼此发送信息，但他们不但不听，有些人还口出不逊……世界上只有我们国家不要求无线电台有许可证……我们并不想给热心于无线电实验的年轻人泼冷水。他们大部分人年轻有才，自己建造了自己的无线电台。但如果人们认识到他们的干扰有时是多么严重，在有船遇险的时候会造成多大的代价，就可以理解必须采取某种行动。解决这个问题的办法就是发

放联邦许可证。

　　"泰坦尼克号"的沉没成了压垮骆驼的最后一根稻草。当这个庞然大物发出求救信号说它撞上了冰山的时候，美国东海岸所有的无线电台立即炸了锅，各种猜测和谣言从一个电台传到另一个电台。"泰坦尼克号"的船主白星轮船公司在设法对当时的情形做出解释时，业余无线电台成了现成的替罪羊。"白星轮船公司的办事处向总统报告说，没有办法靠无线电获得任何可靠的消息，因为闯入信号区的无线电台数量太多，业余电台又不断干扰。"《纽约先驱报》这样报道说，"'泰坦尼克号'的灾难刚一从海上传来，沿岸量程内几乎所有的无线电台都开动起来，发送、接收，丝毫不顾及他人。结果是一片乱哄哄的杂音，只能从中随意拼凑起一些失真的、内容不准确的电报向焦虑的世界宣布。"威廉·霍华德·塔夫脱（William Howard Taft）总统在白宫召开特别会议，讨论对无线电进行管制的问题。但《纽约先驱报》的文章说："不需要争论，因为'泰坦尼克号'的惊人惨剧，加上阻碍救援工作，影响准确报道的无线电乱象，这些本身就是证据，说明管制刻不容缓。"海军总工程师哈奇·科恩（Hutch Cone）告诉《纽约先驱报》："如果有什么能够证明必须对无线电进行管制的话，那就是这个事件。"

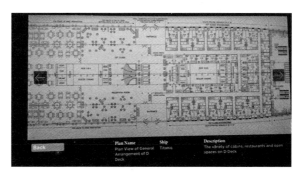

• 图：Kim Yok G.

后来发现，真正的问题是"泰坦尼克号"的乘客发出的电报数量太多，船上的报务员没有理会附近的一条船"苏格兰号"发来的问候电文，里面警告说该海域有冰山。他反而告诉"苏格兰号"的报务员关机，不要阻碍他发送电报。于是，"苏格兰号"关闭了雷达，结果没有听到"泰坦尼克号"的求救信号。

"泰坦尼克号"灾难发生后，美国于 1912 年通过了《无线电法》，引进了处理船只求救信号的新规则，包括实现频道标准化，并要求无线电台旁任何时候都必须有人看守。法律还规定了对业余无线电台的严格限制，要求发报机必须申请许可，把业余电台的波长限制在 200 米以下，并对业余电台的发送能力、地点和活动时间都做了限制。无线电的业余用户和商业及军方用户之间第一次划出了清楚的分界线。

无线电法还赋予了总统"在战时或发生公共危险或灾难的时候"关闭无线电台的权力。第一次世界大战在欧洲爆发后，海军奉命确保各个无线电台尊重美国的中立立场。海军为执行这一命令采取了各种措施，包括关闭了不少业余无线电台。当美国于 1917 年参战的时候，就连使用接收器都被禁止，完全停止了业余人员对无线电设备的使用。

1919 年禁令取消后，无线电爱好者热切地希望重拾他们过去的事业。战争期间，技术得到了改进，特别是发明了使用真空管的连续波发射机，这样，无线电信号不再只是莫尔斯电码的点和画，而且也可以传送声音，使无线电话成为可能。雨果·根斯巴克在《电气实验者》杂志上写了一篇题为"业余无线电的回归"的文章，宣称：

　　两年前我们把电台收起来的时候，已经听惯了心爱的发报机那笛声一样响亮急促的点和

画的声音。但战争改变了一切——甚至改变了
无线电，因为现在无线电话已开始流行。先前
我们在耳机里只能听到嗒嗒的响声，现在太空
中到处皆是人的声音，远远地越过大地，不，
越过海洋。随着时间的推移，点和画的声音将
越来越少，我们的天线将收到越来越多人的声
音，这也是理所应当……虽然我们中间无疑会
有很多人坚持用点和画，但可能很快大多数人
会开始使用无线电话。

《西雅图每日时报》（*Seattle Daily Times*）在"孩子
的无线电又用上了"这个大标题下，表示了对业余无线
电重生的期待。它宣称："世界上没有哪个国家有美国
这样庞大的业余无线电人员的大军。据估计，战前美国
各地散布着至少 17.5 万架业余电台。现在和平有了保证，
这个数字也许会更大……美国的孩子有了更好的远程联
络的设施，在某个意义上成了世界公民。从他可能是在
书房里攒造的家庭电台中，他获得了在前一代人看来是
神奇的力量。"然而，从莫尔斯电码到音频的转变将要
完全改变无线电的运作方式。它原来是报务员借以聊天
的双向媒体，战后却迅速演变为高度集中的单向广播媒

体。根斯巴克的《业余无线电的回归》（*Amateur Radio Restored*）以"无线电业余爱好者万岁！"为结束语。但就在他写下这些字句的时候，开放的双向无线电的黄金时代事实上已近尾声。

　　本文改编自《从莎草纸到互联网：社交媒体2000年》，由中信出版社授权发布。其中《电报线上的爱情》及《光速诈骗者》改编自同一作者另一作品《维多利亚时期的互联网》（*The Victorian Internet*）。

汤姆·斯坦迪奇
（Tom Standage）

专栏作家、BBC 时事评论员、《经济学人》数字编辑，曾任《经济学人》商业编辑、科技编辑和科学记者。

人脑扩展

作者 | 万尼瓦尔·布什　　译者 | 齐良培

　　1945 年，美国科学家万尼瓦尔·布什发表了一篇题为《诚若所思》（*As We May Think*）的文章，他在其中设想了一款叫作 Memex 的设备，它能够帮助我们随时存储和调用各种信息，是"人脑的无限扩大"。他的这个设想成了一个惊人准确的预言：鼠标、图形用户界面、超文本系统，以及因特网（Internet）的前身阿帕网的发明和出现，都直接或间接地受到了布什这篇文章的影响。本文选取了文章中涉及 Memex 的部分。

　　我们在检索资料上的笨拙主要是由索引系统的人工性引起的。随意顺序的数据在存储时总是按字母顺序或是数字顺序排列的，获取信息（如果有）的过程就是一级一级地往下找。找到了一个条目，要想再找，就必须从系统中退出，再开辟一条新路。人的大脑却不以这种方式工作，它通过联系来工作。当它抓住一个条目时，也就很快能抓住由思维的联系所建议的下一个条目，而这种联系是根据某些由脑细胞组成的复杂网络形成的。当然它还有其他的特点：不经常使用的轨迹会消失；这些项目并不完全是永久性的，记忆总是暂时的。人类大脑工作的速度、轨迹的复杂性，以及大脑图像的细节，都极大地超过其他所有的生物，这一点真是令人敬畏。人类不能奢望完全复制大脑的处理方法，但我们应该能

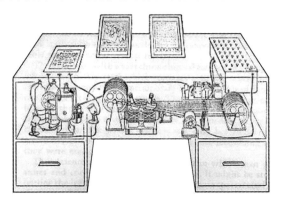

- 它由一张桌子构成，大概可以远距离操作。桌子上有一个倾斜的半透明的屏幕，资料可以投影到上面进行阅读。还有一个键盘，一系列按钮和把手。除此以外，它就是一张普通的桌子。

从其中学到点东西。在某些小的方法上，甚至有所改进，因为记录相对来讲是永久性的。

第一个想法就是从相似的选择中学习。通过联系而不是通过索引来选择，这仍然是可能的。我们不奢望在速度和灵活性上同大脑所依赖的联系轨迹相比，但它应该可以在条目的持久性以及从存储器中取出时的清晰性上同大脑相媲美。

考虑一下未来个人使用的设备，它将是一个机械化的个人图书馆。它需要一个名字提醒人们注意，"Memex"就可以。Memex是这样一种机械化设备，人们可以在其中存储他所有的书、记录和信件，同时可以很高的速度和极强的灵活性完成检索。作为辅助设备，它是人脑的无限扩大。

它由一张桌子构成，大概可以远距离操作。桌子上有一个倾斜的半透明的屏幕，资料可以投影到上面进行阅读。还有一个键盘，一系列按钮和把手。除此以外，它就是一张普通的桌子。

它的一端是存储的材料。体积问题由于采用了改进的缩微胶片而得到很好的解决。Memex内部只有很少一部分用于存储，其他的部分都是机械。即使用户每天塞进去5000页材料，也需要几百年才能把它的仓库填满。

所以使用过程中完全可以挥霍一点，自由地填进去各种东西。

　　Memex 的大部分内容都是直接买来的，可以直接插入。各种书籍、图片、现行的期刊、报纸都可以这样得到并插入其中进行阅读。商业信函也可以用同样的方法，并且还备有直接输入的设备。桌子上有一个透明的平板，可以较长期地存放注释、注解、照片、备忘录等各种各样的材料。把材料放在上面，按下一个按钮就可以对它进行照相，并存到 Memex 的胶片库中下一个空白位置——这里就要用到干式照相。

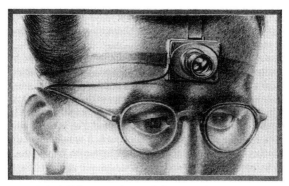

　　未来科学家用固定在额头装有固定聚焦透镜的照相机录制实验。左边眼镜上的小方框用来对焦物体。

● 图：*LIFE*

　　这里当然也有用于咨询的记录，它们来自日常的索引工作。如果用户想从一本书中查找资料，他只需在键盘上轻轻敲出这本书的代码，这本书的封面就会马上投射到他面前的一个浏览位置上。系统会记住经常使用的书的代码，这样他就不需要经常去翻代码本了。如果真的要去查代码本，只需轻轻敲一下键盘，这些代码就会投射出来供他查找。此外，他还有一个额外的游标可以使用。把这个游标拉到右边，这本书就在他面前一页页地投射出来，速度正好可以让人清晰地浏览每一页。再向右拉一点，浏览的速度就会变成每次 10 页，再拉过去一点还能以每次 100 页的速度浏览。向左拉这个游标则能向后翻页。

　　还有一个键可以让用户直接回到索引的第一页。用户的图书馆中的每一本书都可以用这种方式调出来查看，并且要比从书架上查找方便得多。由于有多个投影位置，因此用户可以在调另一本书时把第一本书留在桌面上。利用干式照相的优势，用户可以在书边上加上注解和评论；当然也可以重新设计，比如可以像我们在火车站候车室里见到的自动电报机一样，使用刻写的方案，就如同面对真实的纸张一样。

　　所有这些都很常规，只是投影超出了目前的机械配件的水平。如果在检索时有一种更直接的方法，能进行联系索引，就会方便得多。其基本的概念是提供一种备用件，使得任何条目都可以随意地选出来，并且可以快速地找到相关的另一个。这就是 Memex 的基本概念：对两个条件进行并行检索是一个重要的要求。

用户创建一个轨迹时，他必须指定一个名字，插入到他的代码本中，并且可以在键盘上将其调出。在他面前是两个联系起来的条目，投影在相邻的两个观察位置上。每个条目和底部都有一些空的代码位置，并且每个条目上都有一个指针可以指出其中的一个。用户只需按一下键，这两个条目就可以永久地联结起来。每个代码区中都显示相联系的代码。在可视区域之外，但仍在代码区内，插入一系列点以备光电管进行检索；这些点都以不同的位置来指示出其他条目的索引号。

这样，不论何时，只要这些条目中有一个显示出来，就可以只按一下相应代码区下的按钮就能调出相关的条目。而且，当许多这样联系在一起的条件形成一条链时，就可以依次进行查看，或快或慢，完全取决于用户的操作，就像翻动书页一样。准确地讲，这就是把集中起来的条目组成了一本新书，并且任何条目都可以插入到许多书中去。

Memex的工作过程。操作者在空白的屏幕上写下关于右边屏幕上相关条目的备注和评论。只要在右下角写入代码，将备注用超微相机拍摄下来，就可以把插入的信息与之前的联系起来。

• 图：*LIFE*

　　如果 Memex 的主人对弓箭的来历和特性有兴趣，特别是当他研究在十字军东征的战斗中，为什么土耳其短弓要明显强于英国长弓的时候，Memex 就相当有用了。在他自己的 Memex 中，已经有了好几打有关的书籍和文章。首先他浏览一本百科全书，找到相关的内容以及一些有趣但粗略的文章，都一直投影在屏幕上；然后，在一本历史书中，他又找到了一些有关的条目，然后把这两者联系起来。这样一直走下去，就创建了一条联系许多条目的轨迹。他还可以不时加入他自己的评论，或者和主轨迹相联系，或通过别的轨迹加入另一个条目中去。

当它变得明确起来的时候，就有了大量可用于研究的材料了，他就可以把它从其他轨迹上断开。最后他再加入一些自己的分析，这样，一个利用材料迷宫创建的关于他的兴趣的轨迹就出现了。

他的轨迹并不会消亡。几年后，在与朋友们的交谈中也许转到了关于一个坚持革新或其他特别话题上的时候，他就有一个例子证明实际上受辱的欧洲人仍然没有采用土耳其短弓。他有这样一条轨迹：按一下键就可以弹出代码区，再按几下键就可以将这条轨迹的头部调出来。随意拉动某个把手，就可以停在某个有趣的条目上，同时还可以离题聊一会儿。这是一个有趣的轨迹，与论题也有关。于是他可以把这条轨迹复制一份，送给他的朋友插入到他自己的 Memex 中去，在那里它还可能被连入其他的轨迹。

本文中译节选自熊宇澄编选的《新媒介与创新思维》，经清华大学出版社授权发布。

万尼瓦尔·布什
（Vannevar Bush）

美国著名工程师，科学家、管理者。布什是曼哈顿计划的重要推动者，他也曾撰文建议美国政府依据研究表现向大学和私人企业提供研究经费，受该文影响，美国政府提供的科研经费大幅增长。

增强现实："终极显示"

作者 | 伊凡·苏泽兰　　　　　　**译者** | AppU

这篇发表于 1965 年的文章为新兴科技埋下了极富生命力的种子。对于虚拟现实技术而言，这篇文章的影响力等同于万尼瓦尔·布什写的关于计算机网络的名篇《诚若所思》。

我们生活在一个物质的世界，其特性通过长期的接触，我们就能了解。我们所感知到的自身同物理世界的关系，让我们有能力来很好地预测这一世界的特性。举例来说，我们可以预测出物体将要落到的地方，预测出熟知的图形从不同的角度所看到的样子，预测出使物体克服摩擦力运动起来所需要的推力的大小（直接经验的物理学）。

而对于带电粒子的力、非均匀电场的力、非透射几何变换的结果、高惯性低摩擦的运动……我们则缺乏相应的接触经验。但一台连接到数字计算机的显示器，却可以让我们来熟悉那些在实体世界中无法直接接触到的概念。这是一面通往数学仙境的窥视镜（虚拟现实、大型多人在线角色扮演游戏、模拟器）。

如今的电脑显示器具备各种各样的功能。一些显示器只具有点阵标绘的基本能力。现在在售的显示器一般都内置有线条绘制功能（矢量图形）。能够绘制简单曲线的功能将会非常有用（非均匀有理B样条曲线、T-样条曲面、计算机辅助设计与制造）。一些最新的显示器则能够标绘出任意方向的短线段，从而显示出字体或其他更为复杂的曲线（图形处理）。这里的每一项功能都有一段历史以及一项已知的应用。

让电脑来构造一幅由彩色区域所组成的图像，同样也是可能的。肯·诺尔顿（Ken Knowlton）的电影语言BEFLIX[①]（MPEG、AVI、mov）就是用电脑来生成区域填充图像的极佳示例。现在市场上还买不到这样能供人类直接使用的、具备区域图像填充功能的显示器。但新的显示设备很有可能具备这样的区域填充功能。至于如何

① K. C. Knowlton, "A Computer Technique for Producing Animated Movies", Proceedings of the Spring Joint Computer Conference, (Washington, D.C.: Spartan, 1964).

利用好这一新功能，我们则还有很多需要学习的地方。

今天最为常见的电脑输入设备是打字机键盘。打字机便宜、可靠，且能生成容易传输的信号。随着越来越多的在线系统投入使用，越来越多的打字机终端很有可能也会投入使用。将来的电脑用户将直接用打字机跟电脑进行交互。他应该知道如何来使用键盘（*在一块火柴盒大小的"打字机"触摸屏上点击他的手指*）。其他各种各样的手工输入设备也是有可能的。在标示显示出来的项目方面，以及向电脑输入绘制或打印的内容方面，光笔或兰德平板电脑的手写笔的功能会非常有用。通过这些设备跟电脑进行非常流畅地交互的可行性才刚刚被揭示出来（*鼠标，触控板*）。

兰德公司还在开发手写笔的一个调试工具，使之能够识别输出寄存器的内容在屏幕上的变化，并能简单地标示或移动某项内容以实现样式上的重定位。使用兰德这项技术后，你就可以直接修改屏幕上所显示的数字，在某个数字上面写下你所希望的数字即可将其覆盖掉。如果你想把某项内容从屏幕上的一个区域移动到另一个区域，只需使用手写笔指向第一个表册并把它"拖"到第二个里面就可以了（*显示内容会自动转移到相应的输出寄存器中*）。（"*拖放动作*"）拥有这种交互系统的设备所能提供的人机交互体验是非凡的。

各式各样的旋钮和操纵杆最为有用的功能就是在计算过程中用来调整参数。例如，通过三轴的操纵杆来调整透视视图的视角会更加方便（带有罗盘、GPS及加速计的具备增强现实功能的移动设备）。带有灯光的按钮通常很有用（电源按钮、移动键盘）。语音输入也不应当被忽视（语音识别）。

许多情况下，计算机程序需要知道用户所指向的是图像的哪一部分（图像识别、视觉追踪）。图像的二维属性使其不可能通过各部分之间的相互关系被直接定位出来。为此，通过显示屏自身的坐标转换来找出用户所指向的图像位置，将是一个耗时的计算过程。光笔在显示电路传输其所指向的图形部位时会发生中断，从而自动获取到它的位置和坐标。兰德平板电脑或其他输入设备上的特殊电路也能够提供出相同的功能。

事实上，程序真正需要知道的是用户所指向的画面结构存储在内存中的位置。在带有独立内存的显示器上，光笔返回值所声明的是显示器所存储的目标区域的内容文件的位置，而非是程序所需要的主内存地址。更糟的是，程序真正需要知道的是屏幕上目标区域的确切子区域。现有的显示设备还无法计算这里所需要的深度递归。

新的带有模拟内存的显示器很有可能完全失去这种位置指示能力（它们确实无法标示位置了，模拟内存也被去掉了）。

其他类型的显示方案

如果显示任务的目的是作为构建在计算机内存上的数学仙境的窥视镜，它就应该能显示出尽可能多的感官信息。据我所知，还没有人认真提出过能够提供味觉、嗅觉的计算机显示方案。出色的听觉显示方案是存在的，但不幸的是，我们还无法让计算机来生成足够有意义的声音。这里我先来为你描述一种运动显示方案（迄今为止仍未成真）。

移动操纵杆所需的力可以由电脑来控制，正如 Link 飞行模拟器的控制系统所产生的驱动力一样，可以给你一种开真飞机的感觉。使用这样一种显示方式，把电场内粒子的计算机模型，结合运动电荷位置的手动控制系统，将会测量出电荷在电场中的受力大小，并给出电荷位置的视觉呈现。相当复杂的、具备力回馈功能的操纵杆也是存在的（任天堂就有）。例如，通用电气的"Handyman"机械臂的控制系统实质上就是一个操纵杆，只不过有着跟人类手臂一样多的自由度。通过这样的输

入 / 输出设备，我们就可以为我们的视觉和听觉信息增加一项力量显示的功能。

电脑很容易感知到我们全身各处的肌肉位置。可迄今为止，我们还只是用手与胳膊上的肌肉来控制电脑。我们没有理由把它们视为唯一的选项，尽管手与胳膊无与伦比的灵活性使得它们成为一种很自然的选择（体感界面）。我们眼睛的灵活性同样很高。可以感知并解读眼球运动数据的机器能够且必将被建造出来。（眼球追踪）我们是否能发明一种眼神语言来控制电脑，这一点还有待观察。让显示器根据我们正在注视的方位来呈现内容将会是一个非常有趣的实验（44 年过后，仍然只是一个有趣的实验）。

这样一来，想象一个三角形，你可以把它设计成动态的，无论你注视其中哪一个角，该角就会变成圆形的。这样的三角形看上去具体会是什么样子呢？这样的实验不仅能够产生出控制机器的新方法，还能提供出关于视觉机制的有趣理解。

计算机所显示的对象没有必要遵循我们所熟悉的物理现实中的一般规律（《超级马里奥》《侠盗猎车手》）。运动显示器可以用来模拟负质量物体的运动。如今某种视觉显示器的使用者很容易就能把固体物品变透明——

他有了"透视眼"（增强现实版城市设施）。

现在，一些从未有过任何视觉表征的概念能被显示出来了，比如 Sketchpad[1] 上的"约束关系"。在使用基于此类数学现象的显示器的过程中，我们对这些现象的了解，就会像了解我们的自然世界一样直观。诸如此类的知识便是计算机显示技术的主要承诺。

当然，终极的显示方式将会是一个房间——一个由电脑来控制其内部物品存在与否的房间。显示在其中的椅子将是真实得让你能够直接坐上去，显示在其中的手铐将真能把人铐起来，而显示在其中的子弹无疑也会是致命的。只需用合适的编程，这样一种显示方式就能实实在在地成为爱丽丝所漫游过的那个仙境（这里就是 60 年代那些绝妙的视觉体验的爆发源头）。

---

[1] I. E. Sutherland, "Sketchpad-A Man-Machine Graphical Communication System", Proceedings of the Spring Joint Computer Conference, Detroit, Michigan, May 1963 (Washington, D.C.: Spartan, 1964).

本文原载于《连线》（*Wired*），括号中的文字为编辑布鲁斯·斯特林（Bruce Sterling）所加。他是美国著名的科幻小说家，和威廉·吉布森（William Gibson）同为"赛博朋克"科幻流派创始人。

伊凡·苏泽兰 （Ivan E. Sutherland）	美国计算机科学家。他在自己的博士论文中提出了Sketchpad程序，该程序被视为计算机图形学的一大突破。

一种消亡的媒介

作者 | 凯文·凯利   **译者** | 王童鹤

你不需要给卡片排列顺序，检索时只需要一插、一抖、一抬、一拿即可。

　　我有这样一个揣测：几乎任何技术都不会消亡，至少在全球层面上不会消亡。常常会有某个地点的某个人，仍然在使用一种最古老的技术。例如现在手工铸剑的人，恐怕比过去还多。在美国，每个周末都会有石器打磨爱好者，制作出成堆精良的箭头，且使用的完全是石器时代的技艺。在网上也能买到史丹利（Stanley）蒸汽引擎汽车的新阀门。甚至还能像 100 年前一样，买到小马车的皮革部件。在非洲和亚洲的某些地区，任何一种古代的工具，都有人在用古代的方法来制作。很难有哪种技术在地球上以任何形式都无法找到。

不过，我今天可能发现了一种。鲜为人知的比利时人保罗·奥特莱（Paul Otlet）在 1934 年创造了一款早期版本的"超文本"系统，亚历克斯·赖特（Alex Wright）在《纽约时报》上发表了一篇关于奥特莱的文章后，一位读者指出，一种与奥特莱的创造颇为相似的系统，在美国曾经可以从市场上买到。

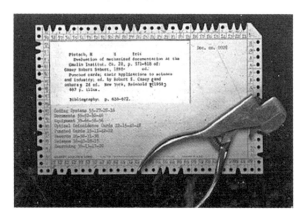

边缘开口卡片（edge-notched cards）发明于 1896年，它是一种四周打着许多小洞的索引卡，这些洞可以有选择地豁开，用来表示特征或分类，用我们现在的话说，可以充当"字段"（field）。在电脑问世之前，这是少有的一些可以同时根据多于一种条件，对大型数据库进

行分类整理的工具。用计算机术语解释，就是可以进行"逻辑或"（logical OR）运算。这种系统能够分类检索和链接，于是道格拉斯·恩格尔巴特（Douglas Engelbart）在1962年提出，可以将这些卡片应用到Memex对超文本的构想中。

这些"单位记录"与Memex例子中的那些不同，它们通常是在与IBM打孔卡类似尺寸的边缘开口卡片上，打字或手写的文字片段。这些片段代表着与特定问题相关的数据、思考、事实、概念、想法、忧虑等"核心要点"……与每一个具体问题相关的笔记卡，都单独存放为一叠，每一叠中都有一张主卡，上面写明了与卡片边缘的每个小孔相关的说明字句。卡片上预留了一些可以豁开的孔位，用来标记卡片上笔记内容的来源对应的序列号，或者标记直接提供信息的个人对应的序列号（其中有一个编号对应我自己，用来标记自己产生的想法）。

此类卡片当时在美国销售的主要是McBee关键字归类卡和InDecks信息检索卡。McBee的卡片经常在图书馆里用到，可用于追踪馆际互借图书的去向。

斯图尔特·布兰德在1975年创作《最后的全球概览》时，就借助了这些卡片来管理，我也是在那时第一次见到的它们。布兰德是这样形容的：

你是不是有很多学生、订户、笔记、书、唱片、客户、项目？无论什么东西，只要超过50或100个，就会很难追踪整理，是时候外化你的存储和检索系统了。InDecks是一种几乎能媲美租金高昂的计算机的便利工具。它很洋气而且功能很强：边缘有很多孔的卡片、长长的钝头针，还有一个打口器。把钝头针插进一叠卡片上的一个孔里，再抬起来，那个孔上被打开口的卡片不会抬起来，而是会落下去。这样一来，你就不需要给卡片排列顺序了。可以按照特征、编号、字母，或者随便什么顺序排列，检索时只需要一插、一抖、一抬、一拿即可。InDecks比我们曾经介绍过的McBee系统更便宜。我们曾经使用过McBee卡片来管理（编辑）和追踪这本《概览》中的3000种甚至更多物品。这些卡片就意味着部分失去理智和彻底疯掉之间的差异。

这种卡片整理系统的目标客户是研究人员，以及有数据整理需求的专业人士，如田野工作者、目录编制者，还有其他学术人员。简单来说，就是今天所有可能需要

FileMaker Pro 此类软件的人。麻省理工学院 1966 年 9 月 23 日出版的报纸《科技》（*The Tech*）上刊登的一则 Indecks 广告写道："InDecks 能帮你迅速归档、回顾笔记。InDecks 打孔卡检索工具，能帮你节省 90% 搜寻、浏览、重新归档、抄誊笔记的时间。"

　　McBee 和 InDecks 卡片需要花一些心思才能用起来。《参与观察：田野工作者指南》（*Participant Observation: A Guide for Fieldworkers*）一书中，描述了田野研究人员如何使用卡片：

> 　　卡片通过在孔边打口的方式进行"编码"，这样"毛衣针"穿过一叠卡片上特定的孔，再抖一抖，"编码"的卡片就会掉下来。你也可以使用两根毛衣针，来同时搜索两个编码。例如，一张卡片上的信息已经按照《文化素材主题分类目录》（*Outline of Cultural Materials*）里的粗略归类进行编码……所以，这张卡片上包含的信息编列的分类有研究方法（12）、人口统计（16）、觅食（22）、食品加工（25）、疾病（75）、宗教信仰（77）和传教组织（79）……

皮特·贝尔（Pete Bell）是研究搜索和信息导航技术的 Endeca 公司的联合创始人，他讲述了 McBee 式的知识管理方式的开端：

> 即使不考虑机械因素，只从信息科学的角度看，奥特莱发明的"蒸汽朋克超文本"也无法扩大规模。但是一个与他同时代的人，构想出了一种可以扩大规模的浏览信息的方式。今天被称为图书馆学之父的阮甘纳桑（S. R. Ranganathan）是一位印度神秘主义者和数学家。他在 1930 年代发现杜威十进制图书分类法（Dewey Decimal System）无法规模化，于是构思出了一种更好的方法来为知识归类，这种方法被称为"冒号分类法"（Colon Classification System）。今天搜索信息最受欢迎的方法或许是 Google，但浏览信息最受欢迎的方法，除了超文本之外，就是分面导航（faceted navigation）系统，这种系统就源于阮甘纳桑。

想清楚理解分面导航是什么，可参考来自英文维基百科的简介：

分面归类法最主要的用途是分面导航系统，它可以让用户按层次在信息中导航，通过选择展示的分类的顺序，从一个分类走向它的子分类。这与分类结构固定且不会变化的传统分类方法截然不同。例如，传统的餐馆指南可能会先按地点对餐馆进行分组，之后按风味、价格、评分、奖项、环境和设施继续细分。但在分面归类系统里，一名用户可以决定先按价格区分餐馆，再按地点、再按风味，而另一名用户则可以先按风味，再按奖项给餐馆归类。这样一来，分面导航和归类导航一样，通过向用户展示可选的分类（或层面）来引导用户，但并不要求用户按特定的层次浏览，因为这种层次未必准确地符合他们的需求或思维方式。

基于电脑的识别野生动物的田野工作指南中，采取了类似的分层面的方法。旧式的鸟类索引，需要让你沿着一系列分叉的问题前进：它有脚蹼吗？比鸽子大还是小？有羽冠吗？只要有任何一步搞错了，这种分层次的路径就会把你绊倒，把你引向错误的方向，得出错误的识别结论。根据矩阵建立的分面导航系统就好很多，以任何顺序回答任意几个你可以回答的分叉问题，电脑就会筛选出很多可能的答案。边缘开口的 McBee 和 InDecks 卡片，以及冒号分类法当中，就蕴含了这种矩阵 / 分面导航系统的萌芽。

尽管这些卡片曾经颇为超前，当时看来也很酷，但是我今天在网络上试图搜索 InDecks 的痕迹时，却惊讶地发现 eBay 上没有卖家在卖、没有爱好者网站、没有收藏网站、没有历史网页，也完全没有找到有人还在使用的证据。它们已经不复存在了，被最早的计算机冲击得片甲不留。布鲁斯·斯特林将它们列到了"消亡媒介"（www.deadmedia.org）的档案里，它是一个已经不复存在的媒介设备和平台的索引。经过验证，这种卡片似乎的确已经消亡了。

除非我搞错了——如果你知道世界上有哪个地方还在使用或者生产这种边缘打口的卡片，请告诉我，我会很高兴地宣布它们还活着。

凯文·凯利
（Kevin Kelly）

《连线》杂志创始主编，科技作者。著有《失控》《科技想要什么》《技术元素》和《必然》等。他还是 Cool Tools 网站的编辑和出版人。

执行策划：

Lobby（旧时代的科技魔法和技术预言）

傅丰元（特德·尼尔森和上都计划）

不知知（世界末日全方位硬启动手册）

Lobby（关于死亡的技术、认知和哲学）

微信公众号：离线（theoffline）

微博：@离线offline

知乎：离线

网站：the-offline.com

联系我们：AI@the-offline.com

技术革新总会带来潮流、惊奇和困扰。这类由信息技术引发的影响并不由 21 世纪独占。在 19 世纪的维多利亚时期，在那个初生的技术"看上去都与魔法无异"的时代，新技术的出现，也让当时的人们既欣喜若狂又心神不定。同样地，人们利用技术做了很多让人意想不到的尝试，今天的互联网服务也能够在其中找到对应的模型。

责任编辑：胡　南
插画设计：于海天
封面设计：MX DESIGN STUDIO QQ:1766628429　于海天

影响力
INFLUENCE

离线
OFFLINE

上架建议　科技·文化

ISBN 978-7-121-40389-7

9 787121 403897 >

定价：98.00元（全四册）